Гатиба Гасанова

Особенности формирования качества зерна мягкой пшеницы в Азербайджане

AF153237

Гатиба Гасанова

Особенности формирования качества зерна мягкой пшеницы в Азербайджане

LAP LAMBERT Academic Publishing

Impressum / Выходные данные

Bibliografische Information der Deutschen Nationalbibliothek: Die Deutsche Nationalbibliothek verzeichnet diese Publikation in der Deutschen Nationalbibliografie; detaillierte bibliografische Daten sind im Internet über http://dnb.d-nb.de abrufbar.

Библиографическая информация, изданная Немецкой Национальной Библиотекой. Немецкая Национальная Библиотека включает данную публикацию в Немецкий Книжный Каталог; с подробными библиографическими данными можно ознакомиться в Интернете по адресу http://dnb.d-nb.de.

Coverbild / Изображение на обложке предоставлено: www.ingimage.com

Verlag / Издатель:
LAP LAMBERT Academic Publishing
ist ein Imprint der / является торговой маркой
OmniScriptum GmbH & Co. KG
Heinrich-Böcking-Str. 6-8, 66121 Saarbrücken, Deutschland / Германия
Email / электронная почта: info@lap-publishing.com

Herstellung: siehe letzte Seite /
Напечатано: см. последнюю страницу
ISBN: 978-3-659-46308-2

[Азрбайджанский Научно-Исследовательский Институт Земледелия]

[МОНОГРАФИЯ]

[Особенности формирования качества зерна мягкой пшеницы, в условиях Азербайджана]

Содержание

Введение

Одним из глобальных проблем современной селекции пшеницы, является обеспечение высокой потребности мирового населения высококачественными хлебопекарными продуктами. С повышением численности мирового населении появилась потребность к высокой урожайности зерна пшеницы, но при этом особое внимание уделяется на повышение качества зерна.

Основная проблема для селекции пшеницы в Азербайджане, является обеспечение населения хлебом и хлебобулочными продуктами за счет местных ресурсов. Движущая сила в этом принадлежит селекции сортов обеспечивающих максимальный урожай на долгие годы, с высоким качеством зерна. В связи с этим, для оценки селекционного материала как фенотипических, так и генотипических признаков требуется изучение этих признаков глубоко и разносторонне. При выполнении этой задачи следует использование генетических маркеров в селекции пшеницы не только для определения морфотипа, а также генотипа исходного материала, для скрещивания и отбора ценных генотипов из гибридной популяции. В этой области часто используемыми и эффективными маркерами являются запасные белки пшеницы, глиадины и глютенины. Несмотря на то что, генетика и биохимия этих белков изучено достаточно много, но до сих пор продолжаются исследования в этой области. Установлен, полиморфизм этих белков по каждому глиадин и глютенин кодирующим локусам хромосом, первой и шестой гомологических групп [15;31;32;34;37].

Входя в состав клейковины пшеницы, эти белки, определяют хлебопекарные, питательные и вкусовые качества зерна. Хлебопекарное качество зерна пшеницы определяют, в основном, три гентические системы: системы высокомолекулярных глютенинов, глиадинов и твердости зерна пшеницы. Качество зерна мягкой пшеницы, является полигенным признаком, которое очень легко подвергается действию окружающей среды и условиям выращивания. Несмотря на это, при помощи генетических маркеров можно успешно проводить отбор на высокое качество зерна в селекции из генотипов мягкой пшеницы. В виду того, что Азербайджанская республика имеет различные почвенно-климатические условия, при точном определении генотипа, с определенными показателями качества зерна, использование генетических маркеров имеет огромное значение. Кроме того определение коррелятивных

3

связей между показателями качества зерна, является одним из основных факторов при отборе селекционного материала. Поэтому изучение коррелятивных связей между показателями качества зерна у гибридной популяции остается одним из основных задач исследования. Изучение влияния почвенно-климатических условий и условий вращивания на качество зерна пшеницы, актуально, при наших исследованиях.

Исходя из вышеизложенного, целью и задачей исследования было изучение качества зерна мягкой пшеницы; в первую очередь генетические особенности хлебопекарных качеств; установление факторов влияющих на них и поиски путей улучшения. С другой стороны определение генетического маркера качества зерна с учетом использования этих маркеров при подборе пар для скрещивания и отборе из гибридной популяции ценных генотипов с важными сельскохозяйственными показателями. С этой целью нами выполнены нижеследующие задачи:

- Получение гибридов от скрещивания местных и интредуцированных сортов, генетически чистой популяции, изучение и определение факторов влияющих на качество зерна пшеницы;

- Определение роли компонентного состава глиадина и глютенина при определении качества зерна мягкой пшеницы, в гибридных популяциях и сортах;

-Исследование взаимосвязи генотипа и фенотипа качества зерна пшеницы перспективных сортов в зависимости от различных климатических условий;

- Изучение коррелятивных связей между показателем качества зерна в гибридных комбинациях и определение зависимости уровня значимости от года исследования и от комбинации сортов.

- Определение роли компонентного состава глиадина и связь этих блоков с качеством зерна, установление роли этих блоков при определении качества зерна, в зависимости от года выращивания, у сортов АзНИИ Земледелия.

Глава I

1. Обзор литературы

1.1.Факторы, влияющие на качество зерна

Качество зерна пшеницы определяется физическими, биохимическими, технологическими особенностями. К физическим особенностям относятся: форма, крупность, выравненность, стекловидность, натура, цвет зерна, твердозерность, масса 1000 зерен и т.д. К биохимическим показателям относятся: белковость и аминокислотный состав зерна, витамины, пигменты, сахара, крахмал, содержание и фракционный состав белка, и т.д. При определении технологических свойств рассматриваются такие показатели, как «сила муки», содержание и качество клейковины, водопоглотительная способность муки, а также хлебопекарное качество муки. Хлебопекарное качество муки характеризуется в основном белковым комплексом клейковины.

По содержанию и качеству клейковины, озимые пшеницы, подразделяют на три группы: сильную, среднюю и слабую, в последние годы выделили и четвертую группу. В эту группу входят сорта, имеющие специфичные физико-технологические качества зерна [22].

В.М. Бебякин (2010) при исследовании гибридных комбинаций полученных от скрещивания различных сортов обнаружил и отметил, что количество и качество клейковины генотипический признак.

 литературе имеются многочисленные данные о связи твердости зерна

 качеством муки. Показано, что мягкозерность (soft) снижает качество пшеницы по сравнению с твердостью зерна (hard) [15;24;33].

По мнению некоторых авторов твердость зерна и компонентный состав глиадина хорошо характеризуют качество пщеницы. Блоки компонентов глиадина Gld 1A1, Gld 1A5, Gld 1A6, Gld 1D2, Gld 1D5 Gld 6A3 и Gld 6B1 являются маркерами морозостойкости, но присутствие в генотипе сортов, маркеров морозостойкости приводит к снижению хлебопекарных качеств [20].

Во многих исследованиях установлена связь глютенинов с качеством зерна пшеницы, некоторые авторы, в своих исследованиях показали связь аллелей глютенина Glü 5+10 с высоким качеством хлеба [45; 27; 29].

Качество зерна пшеницы является полиморфным признаком и его формирование зависит от многих факторов. На него влияют условия возделывания, уборки, хранения и переработки зерна пшеницы. Наибольшую роль, в формировании качества зерна, играют температура и влажность в период роста, особенно в период налива зерна [20].

Первым фактором при изменении содержания белка, является генотип сорта. Различные качества, каждого сорта, зависят от специфичности информации, синтеза белка. Накопление белка в зерне наследственный признак и тоже зависит от многочисленных факторов. В озимых сортах пшеницы при высоком накоплении белка зерна, уровень крахмала снижается.

Черный   пар и своевременное внесение удобрений, в свою очередь, увеличивают этот показатель [37].

Производство высококачественных сортов сильной пшеницы зависит от технологии выращивания и от генотипа сорта. Свойства растения сорта - комплекс наследственных, биологических и технологических признаков, это устойчивость к засухе, к болезням и вредителям; к почве, ее влажности, свету и высокой температуре. При повышении качества зерна озимой пшеницы необходимо учитывать особую роль минеральных удобрений.

При внесении минеральных удобрений во время формирования зерна можно превысить содержание клейковины на 7-10%, но повышение доз фосфора и калия, у озимой пшеницы, приводит к снижению содержания клейковины и белка. Своевременное и правильное внесение азотных удобрений приводит к увеличению содержания белка [6].

По данным О.В. Волковой (2009) во время формировании зерна, при погодных условиях с высоким уровнем влажности, снижается количество клейковины, особенно у тех сортов, в которых содержание клейковины, изначально низкое [<24,0%], что в свою очередь приводит к снижению всех показателей качества, да и в целом хлебопекарных качеств.

О.В. Скрипка (2005) показал что, качество зерна пшеницы формируется в период вегетации, причем, большую роль здесь играет наследственность сорта, затем почвенно-климатические условия плюс грамотно проведенные агротехнические приемы возделывания.

Высокая температура (при сушении зерна, при самосушке и при сухом ветре) приводит к денатурации клейковины, что в свою очередь приводит к снежению хлебопекарных качеств [28].

А.А.Колесников (2005) показал зависимость натуры зерна и содержание белка от погодных условий и доз минеральных удобрений. По мнению автора, доля действий этих факторов на содержание клейковины составляет от 47% и до 17%; по силе муки 38% и 15%. На качество клейковины агротехнические приемы влияют меньше, на хлебопекарное качество, погодные условия, влияют больше.

Л.В. Марченко (2007) в исследованиях показал что, экологические факторы однозначно влияют на технологические и физические показатели качества зерна, поэтому при определении этих признаков, их нельзя упускать из виду.

В условиях Азербайджана, на зерновое хозяйство, негативное влияние оказывают нестабильные агрометеорологические условия вращивания.

Иногда, в зависимости от года, в определенные фазы развития растений, отсутствие дождей, в весенне и осенние периоды, полное отсутствие снегового покрова в зимний период, отрицательно воздействует на формирование качества зерна. В таких условиях засухи инфекционные болезни распространяются сильнее, что приводит к снижению урожая и качества зерна пшеницы. В связи с этим требуется создание сортов с высокой адаптивнностью, с устойчивыми, высокими урожаями и качеством зерна пшеницы, в различных условиях выращивания. Создание высококачественного сорта пшеницы требует выполнения комплексного подхода.

Д.Ф. Асадулин (2006) показал, что уровень урожая на 50% определяется сортом, а 50% технологией возделывания. В регионах где абиотические стрессовые факторы лимитируют урожайность, генотип сорта играет важную роль, даже при таких условиях путем селекции можно создать сорта, которые в конкретных агроэкологических условиях имели бы высокую адаптационную способность. " Чтобы генотип доминировал над климатом.".

Винокурова Л.Т. (2004) установила, что генотип сорта и окружающая среда, при формировании качества зерна пшеницы, оказывают существенное влияние. С учетом того, что роль генотипа при этом составляет 45-68.1%, влияние же климата, составляет от 4,6 до 31,4%.

Рахматулина А.Ф. (2011) пришла к выводу, что в условиях богары, в период созревания, температура воздуха и влажность оказывают существенное действие на хлебопекарные качества, зерна пшеницы. В вегетативном периоде, "колошение - восковая спелость" и "формирование - спелость", содержание клейковины зависела от погоды. В этот период коррелятивная связь между ними соответственно составляла r= 0.860-0.945 и r= 0.803- 0.957. При низкой влажности и высокой температуре содержание клейковины было низким. Между содержанием клейковины и количеством дождей наблюдалась отрицательная корреляция (r=-0.754).

На содержание клейковины влияют 3 основных фактора : 1.Почвенно-климатические и погодные условия, 2.Уровень интенсификации возделывания 3. Генетика сорта [11].

В практической селекции одним из основных вопросов, является выявление признаков и нахождение источников хозяйственно важных признаков, так как определение, в генотипе озимых сортов пшеницы, генов контролирующих морозоустойчивость и продуктивность, остается одним из актуальных вопросов. Высокая корреляционная связь продуктивности и количества зерна в колосе (r= 0.70 – 0.81) требует особого внимания, к таким признакам [20].

И.В. Пантюхов (2009]) установил что, у яровых пшениц, уровень урожайности сорта зависит от сложного изменения экологических условий.

Автором установлена коррелятивная связь между урожайностью и количеством продуктивных побегов (r= +0.522), а также урожайностью и массой 1000 зерен (r=+0.979).

Таким образом, сорт является биологическим объектом и связываясь с правилами природы, не употребляя лишних затрат способен формировать высококачественный урожай. В зависимости от хозяйств, после различных севооборотов, при выращивании сорта в определенных условиях микрозоны формируется урожай с различным качеством зерна. С этой точки зрения, использование генетических маркеров, при создании новых сортов пшеницы имеет особое значение. В связи с этим, роль генетики, молекулярной генетики и в целом биологических наук, неоспорим. О связи молекулярных маркеров с качеством зерна и об их использовании в виде генетических маркеров будет изложено в следующем разделе.

1.2.Генетические маркеры качества зерна

Организация информационной системы и подходов о связи генотипа, фенотипа и окружающей среды актуальна не только в индивидуальном подборе конкретных моделей организма, но и с точки зрения, всех сельскохозяйственных растений. В последнее время, такие системы, активно разрабатываются для всех растений.

Источник информации о генотипе растения пшеницы найден с помощью генетических маркеров. Эти маркеры сгруппированы и более подробно характеризуют генотип [20;27].

Учитывая сложность создания сорта, осознается важность изучения генетического контроля некоторых признаков и генетической характеристики образцов [26].

В начале 1990 года А.Ф.Мережко (1994), учитывая признаки физиологии и агрономии, сформировал широкую генетическую базу, создавая, в свою очередь донора, на основании генотипической межвидовой изменчивости, с целью решения этой проблемы. Он считал, что при изучении первичного материала «для определения генетического потенциала вида достаточно ограниченное количество специально выбранных линий, чтобы вывести на свет важные признаки генотипа для дальнейшего использования в селекции».

В последнее время в генетике пшеницы началось формирование нового направления, что в частности, относиться к белкам собранным в зерне и в вегетативных органах. Начиная с 70-х годов используя метод электрофореза и несколько других более глубоких генетических анализов, появились возможности изучения физико-химических функций запасных белков.

Доказано,что запасные белки различаются по молекулярной массе, стабильности и по электрическому полю. Разностороннее изучение белков пшеницы дал возможность определения их широкого полиморфизма.

Появились возможности использования этих белков, определение генов белков, их локусов и аллелей. Генетически определенный спектр каждого сорта, является специфическим и не зависит от условий и приемов выращивания. Самым перспективным этапом, генетического исследования, было определение хромосом контролирующих синтез этих белков. Уже в начале 70-х годов XX века хромосомы, отвечающие за синтез запасных белков пшеницы были определены Шефердом [48]. Уже позже, были установлены контролирующие локусы этих хромосом (1А, 1В, 1D, 6А, 6В и 6D) и показаны, что они локализованы в коротких плечах [26].

Глиадинкодирующие локусы состоят из генов характеризующихся многочисленным аллелизмом, практически не подвергающимся рекомбинации, сцепленных кластеров. Каждый глиадинкодирующий локус контролирует несколько полипептидов и в виде морфологического признака наследуются по правилу Г.Менделя. Как правило кластеры генов имеют «ядро», где не происходит рекомбинация близких ген с близкими к ним.

Рекомбинация генов происходит в дальних генах генома и в других частях кластера. В современной научной информации отмечается, что порядок генов кодирующих запасные белки не имеют "intronom"-а в итоге чего не происходит процесс "splaysinq"-а [40;36;48].

В настоящее время установлено 7 глиадинкодирующих локусов. Gli A1, Gli B1, Gli D1, Gli A2, Gli B2, Gli D2 и Gli D3 .Кроме этого прибавлены 4 локуса [Gli A5, Gli B6, Gli A6, Gli D7], которые тесно сцеплены с основными локусами [39;41].

А.В.Абакуменко (1982) показал, что у растений, выращенных в низменности Украины, между количественными признаками; урожайностью, седиментацией, устойчивостью к болезням, высотой растения и блоком компонентов глиадина GLd 1В4 связь не установлена. На фоне искусственного поражения (мучнистой и бурой ржавчиной), в гибридах высшего поколения установлена связь с блоком компонентов глиадина GLd 1D1 и GLd 1D4. На фоне отбора, число семей с блоками компонентов глиадина GLd 1D4 составило 39-70%. По мнению автора, часто встречаемость в семьях блок компонентов GLd 1D4 связяно с устойчивочтью к бурой ржавчине и мучнистой росе.

Селективная нейтральность полиморфизма глиадина и специфичность спектра дает возможность использования их как генетического маркера признаков качества зерна при селекции пшеницы [28;48;49].

О.В. Гаврикова (2007) указывает, что аллели глиадинкодирующих локусов Gld 1D4, Gld1 A11, Gld 1D 10, Gld 6A 24 и Gld 6D 17 связаны с увеличением содержания клейковины и улучшением свойства теста, аллел Gld 6D6 снижает массу зерна и хлебопекарное качество зерна.

Анализ глиадин-глютенин локусов по запасным белкам 85 сортов мягкой пшеницы, относящихся Украинскому селекцентру, выявил близость современных сортов [32].

Основываясь на вышеуказанных данных можно сказать, что при создании сортов, в современной селекции необходимо использовать новые подходы, для ассоциации хозяйственно важных генов в каждом генотипе.

При ассоциировании таких генов важную роль играет сравнение аллельных вариантов запасных белков. Сегодня самый удобный подход использования генетического маркера хозяйственно-важных показателей и признаков, твердой или мягкой пшеницы, полиморфизм запасных белков. Такой подход сокращает сроки создания сорта, в селекции пшеницы.

1.3. Роль селекции при формировании высококачественного зерна пшеницы

История развития селекции началось еще раньше установления генетики как науки, сбор генетической информации растений, для селекции, начали производить позже. Несмотря на то, что селекция связана с индивидуальной генетикой, генетика не дает, селекции готовых рецептов для решения важных проблем, и все же, некоторые вопросы можно решить при помощи генетики.

В современной селекции актуальна проблема повышения белка в зерне, наряду с повышенными аминокислотами, особенно лизином. Генетический анализ показал, что накопление белка в зерне, является полигенным признаком, которая контролируется всеми хромосомами мягкой пшеницы [31].

Ⅱ виду того, что признаки связяны с друг-другом, селекцию следует вести по комплексным признаками. Но часто случается, что селекционер старается сохранить один признак и ведет отбор исключительно, по этому признаку. В таких случаях говорят, направленная селекция отдельных признаков. Установлено, что в селекции пшеницы, при скрещивании необходимо, выбирать родительские сорта требовательные к высокому агрофону и адаптированные к местным условиям.

Ⅱ связи с развитием современных технологий, требования к сортам меняются. Сорта должны сохранять стабильные урожаи вне зависимости от года выращивания, должны быть высоко адаптивными к данным условиям при этом иметь высокое качество зерна [23].

Е.В. Беседина (2002) утверждает, что со снижением урожайности пшеницы снижается содержание клейковины и белка, а также ухудшается хлебопекарное качество зерна. Поэтому необходимо вести правильный отбор родительских пар, для скрещивания, от этого зависит конечный результат селекции. Поперля Ф.А. и др. (1978) установили связь между стеблевой ржавчиной и компонентным составом глиадина. По данным авторов 1R/1B

трансформирован сортам (Аврора, Кавказ) от ржи, в этих сортах наблюдается устойчивость к этой болезни. В дальнейшем Поперля Ф.А. и др. (1980) показали что, глиадинкодирующий локус, блок компонентов Gld1B3, локализованный 1B хромосоме, связян с выживаемостью растения и цветом колоса. Электрофоретический анализ показал что, сорта в генотипе у которых присутствует блок компонентов глиадина Gli 1A4, Cli 1D4 проявляют устойчивость к засухе и вместе с тем, высокоурожайны. У экологически пластичных сортов, в генотипе, наблюдается блок компонентов глиадина Gli 1D3 [21].

А.А.Беспалова и др. (2000) показали сцепленность локуса Gld 1B3 с некоторыми болезнями и стрессами. Поэтому используя эти маркеры можно сохранить генетическую чистоту сортов.

В настоящее время использование глиадин-глютенин маркеров имеет огромное значение при исследовании происхождения сорта, при установлении начальных генов и их признаков передающихся к другим сортам.

А.А.Созинов в 1985 году в своих исследованиях, используя глиадиновые маркеры, пришел к выводу, что в сортах пшеницы Южной и Лесостепной зоны Украины, часто встречаются блоки компонентов глиадина Gld 1A1 и GLd 1A2, эти блоки перенесены сортам от древнего сорта Крымка. Блок компонентов глиадина Gld 1B1 относится к сорту Крымка и унаследован от сорта Тэрки [Турецкая пшеница], в 1875 году был перевезен из Украины в США. Высокая адаптивность сорта привлекал внимание фермеров, а в дальнейшем и селекционеров. По этой причине очень часто использовался при скрещивании. К примеру можно сказать что,сорта мягких пшениц, с блоком компонентов глиадина Gld 1B1, Шейнен, Понка, Скаут, Ланкота, краснозерные и твердозерные, получены от этого сорта. Этот факт дает возможность использования запасных белков как маркера определения исторического распространения сорта. Таким образом, из вышеизложенного можно предложить об использовании генетического маркера блоков компонентов запасных белков в селекции пшеницы на качество и урожай.

Глава II

2. Материал и методика исследования

2.1. Материал исследования

Материалом исследования использовались, сорта принадлежащие селекции АзНИИ Земледелия и гибриды, полученные от их скрещивания. Кроме того к гибридизации привлекались сорта, Безостая 1, Мовчанка, Красноповодская 23, относящиеся селекции России. Из местных сортов были использованы сорта Арзу, Гийматли 2/17, Аран, а также гибридные популяции [№ 92 RTZ x Niska (UT 1556-170), №9 RBWYT, FAWWON 50] полученные по линии ICARDA и CIMMIT. Начиная с F2 по F9-F10 поколений, полученные гибриды, подвергались генетическим, биохимическим, технологическим анализам и статистической обработке информаций. Параллельно с этим изучены сорта АзНИИ Земледелия, полученные из различных условий выращивания.

Проводились исследования генетического анализа глиадина и глютенина, и показателей качества зерна. Наряду с этим, все исследуемые гибриды выращивались в условиях Апшерона, на территории экспериментального участка института.

2.2. Почвенно-климатические условия исследования и методы определения качества зерна

Все исследуемые гибриды выращивались в услових Апшерона на территории экспериментального участка института. Почвы Апшеронского полуострва слабо обеспеченные гумусом. Содержания гумуса составляет 1,09 %.

Орошаемая зона. Тип почвы, Апшеронского полуострова, серый, серовато-каштановый и засоленный. Содержание гумуса на поверхности почвы достигает 2%-ов. В 100 г гидролизованной почвы, содержание азота достигает 2,1-3.9мг, общее содержание фосфора 1,4 мг, содержание активного калия 1,5-2.5мг. Грунтовые воды на глубине от 4 до 20 м минерализуются.

2.3 Методы определения качества зерна.

Электрофоретический анализ из каждой зерновки экстрагировали 70%-ным этанолом. Электрофоретический анализ глиадина проводили по стандартной методике Ф.А.Попереля (1989), в пластине полиакриламидного геля, pH 3,1. Аллельные варианты глиадинкодирующих локусов идентифицировались по каталогу, составленному в ВСГИ в 1989 году.

Показатели качества зерна и хлебопекарные качества определяли по общепринятой методике. Выпечку хлеба проводили с использованием сухих дрожжей на 100 г теста. Хлебопекарные качества определяли по 5 бальной шкале. Результаты исследований и статистический анализ проводились при помощи компьютерных программ Photo Capt, SPSS, Excel.

Глава III

3. Корреляционная связь показателей качества зерна пшеницы

Изучение корреляционных связей между показателями качества зерна пшеницы позволяет оценивать в целом технологические и мукомольные качества зерна пшеницы. В литературе имеются многочисленные данные о корреляционной связи между признаками и показателями сортов мягкой пшеницы.

По данным Давыдовой Е.И (2011) по фазам развития растений корреляционная связь признаков качества с метеоусловиями были неоднозначными. В межфазный период «молочная спелость-полная спелость зерна», влияние температурного режима на показатели качества были положительными, кроме натуры зерна (r=-0,60). По показателям седиментации и количеству клейковины корреляционная связь отсутствовала. В связи с тем, что на небольшой территории Азербайджана, почвенно-климатические условия весьма разнообразны, целью наших исследований были изучение корреляционной связи между признаками у гибридной популяции в различные годы исследования.

3.1. Наследственность признаков качества зерна и корреляционная связь между ними

С целью изучения корреляционной связи между показателями качества зерна пшеницы исследовались комбинации гибридов полученных от скрещивания сортов, Безостая 1 х № 9 RBWYTFa. Анализ данных проводились в гибридах F6 -F9 поколений. Как видно из данных таблицы родительские сорта различаются по всем изученным показателям и качеством зерна. Сорт Безостая1, имеет высокое качество зерна пшеницы, но менее урожайный по сравнению N9RWYTFa, (этот образец получен по линии ICARDA и CIMMIT) в условиях Апшерона, имел более высокие урожаи по сравнению с сортом Безостая 1. Стекловидность зерна высокая, но по качеству оно уступает сорту Безостая 1. В таблице 3.1 приведены средние данные по каждому признаку. Как видно из таблицы по массе 1000 зерен гибриды уступают родительским сортам.

Только в поколении F7 масса 1000 зерен, гибридов, опережают родительские формы.

Таблица 3.1

Средние значения показателей качества зерна гибридов от скрещивания сортов Безостая 1, N9RWYT Fa (2006-2009гг)

Родительские сорта И гибриды	Масса 1000 зерен,г	Стекловидность,%	Клейковина,%	ИДК	Седиментация,мл	Урожайность, с 1м2 в г.	Высота растения, см
Безостая 1	46.8	46.0	32.0	100.5	46.0	580.0	105.0
N9RWYTFa	45.6	75.0	26.4	100.0	20.4	650.0	95.0
F6	46.5	65.0	30.3	98.8	34.3	582.3	82.5
F7	47.7	36.0	23.0	93.8	19.5	635.0	90.0
F8	41.0	78.2	29.5	95.1	36.7	776.2	96.0
F9	43.0	95.0	32.9	106.9	30.7	573.0	96.2

Примечание F6 ... F9 –соответственно2006 ... 2009-годах показатели изученных гибридов

Гибриды, полученные от скрещивания этих сортов, имеют высокую стекловидность, унаследовав этот признак от второго родительского сорта N9 RWYTFa, но следует отметить что, в F7 этот показатель был низким.

Такая же тенденция наблюдается по всем остальным, изученным показателям. Примечательно что, при этом урожай с 1м2 был высоким.

Данные полученные при изучении корреляционной связи между этими показателями показаны в таблице 3.2. Как видно из таблицы между показателем седиментации и стекловидностью зерна, по данным двух годов исследования, наблюдается высокая коррелятивная связь($r=0,92$) и ($r=0,85$), но в остальные годы, связь выражена на незначительном уровне ($r=0.25$ и $r=0.26$). Масса 1000 зерен высоко коррелирует с показателем седиментации ($r=0.92$; $r=0.85$) в 2007 и 2009 годах. Хотя в другие годы эта связь не значительна ($r=0.31$; $r=0.35$).

Таблица 3. 2

Корреляционные связи между показателями качества гибридов, полученных от скрещивания сортов, Безостая 1и N9 RWYT Fa

Исследуемые показатели	2006	2007	2008	2009
Седиментация-Масса 1000 зерен	0.31	0.83*	0.35	0.85*
Масса1000зерен-клейковина	0.98*	- 0.33	0.27	0.48
Клейковина-урожайность	0.20	- 0.03	0.02	- 0.62
Урожайность-ИДК	- 0.68	- 0.19	- 0.87*	- 0.37
ИДК-высота растений	0.72	0.94*	0.09	0.76
Высота растени-стекловидность	0.49	0.20	0.90*	0.89*
стекловидность-клейковина	0.59	- 0.53	0.77	0.21
Клейковина-высота растений	0.73	- 0.66	0.95*	0.54
Высота растений-седиментация	- 0.59	- 0.81*	- 0.08	- 0.55
Седиментация-стекловидность	0.92*	0.25	0.26	0.85*
Стекловидность-урожай	0.85*	0.78	0.45	0.54
Седиментация-клейковина	- 0.40	0.12	- 0.39	- 0.05
Клейковины-ИДК	0.21	- 0.66	0.41	0.95*
ИДК-седиментация	0.00	- 0.78	- 0.97*	- 0.30

Примечание:* - достоверны на 5 %- уровне значимости

Таким образом, зная что, показатели качества зерна пшеницы зависят от условий выращивания, исходя из данных таблицы № 3.2, можно утверждать, что корреляционная связь между показателями одной и той же гибридной комбинации зависит от условий и года выращивания. Для подтверждения полученных данных мы исследовали гибриды, полученные от скрещивания сортов местной селекции мягкой пшеницы, адаптированные к местному климату. Такая же корреляционная связь обнаружена у гибридов F7-F8 поколений от скрещивания местных сортов мягкой пшеницы Арзу х Гийматли 2/17. По данным таблицы 3.3 видно, что родительские сорта различаются по всем изученным параметрам. В таблице приведены средние значения показателей гибридов и родительских сортов. Сорт Гийматли 2/17, мягкозерный, но более урожайный по сравнению с сортом, мягкой пшеницы, Арзу.

Таблица 3.3
Средняя значимость показателей качества зерна от скрещивания сортов Арзу х Гийматли 2/17 (2007-2009-годы)

Родительские сорта и гибриды	Масса 1000 зерен,г. %	Стекловидность %	Клейковина,%	ИДК	Седиментация,мл	Урожайность г/м2	Высота растений, см
Арзу	50.4	30.0	28.0	77.5	32.0	350.0	125.0
Гийматли2/17	32.9	0.0	26.9	92.8	30.0	600.0	95.0
F7	40.6/6.1	64.3/52.9	30.4/10.0	98.0/6.3	40.4/20.5	730.0/23.3	103.4/8.8
F8	46.1/7.7	27.8/112.5	21.6/12.1	94.3/5.1	17.8/17.0	563.5/25.3	88.9/6.9
F9	47.6/7.0	29.9/78.0	27.4/21.6	102.6/6.1	24.9/23.8	625.0/26.1	119.0/6.4

Примечание F7 ... F9 –соответственно средняя значимость гибридов 2007 ... 2009-годов

Сорт Арзу краснозерный, высокорослый, по сравнению с сортом Гийматли 2/17 более высококачественный. Из данных таблицы видно, что гибриды по сравнению с родительскими сортами, особенно с сортом Арзу высокоурожайные, как и другие показатели, урожайность гибридов зависит от года выращивания. Сравнивая показатели, с предыдущей комбинацией гибридов, можно заметить что, и в этом случае, в один и тот же год, качество зерна было низкое по сравнению с другими годами. Так, показатель седиментации в F7 в гибридах был в среднем 40,4 мл, а в F8 он составлял уже 17,8 мл. Анализ, корреляционной связи, между показателями качества зерна, показаны в таблице 3.4.

Таблица 3.4

Корреляционные связи между показателями качества гибридов полученных от скрещивания сортовАрзу х Гийматли 2/17

Коррелятивные связи	2007	2008	2009
Седиментация-масса 1000 зерен	0.30	-0.04	-0.53*
Масса1000зерен– клейковина	-0.03	0.06	-0.32
Клейковина– урожайность	-0.18	-0.60*	-0.45
Урожайность–ИДК	- 0.52*	-0.66*	-0.23
ИДК– высота растений	-0.04	0.27	0.38
Высотарастений– стекловидность	0.05	0.40	-0.06
Стекловидность – клейковина	-0.43	0.63*	0.28
Клейковина– высота растений	0.27	0.70*	-0.34
Высота растений– седиментация	0.28	0.76*	-0.26
Седиментация– стекловидность	0.29	0.59*	-0.21
Стекловидность– урожай	0.11	0.37	0.19
Седиментация– клейковина	0.28	0.86*	0.68*
Клейковина –ИДК	0.23	0.51*	0.33
ИДК– седиментация	0.27	0.69*	-0.02
Седиментация– урожай	0.17	-0.61*	-0.22
ИДК– масса 1000 зерен	0.45	-0.36	0.11
Масса 1000 зерен– высота растений	-0.17	-0.01	-0.07

Примечание* – достоверны на 5 % уровне значимости

Как видно из таблицы, корреляционная связь у гибридов, между показателями качества зерна зависит от года выращивания, что еще раз подтверждают, данные полученные от анализа вышеуказанных комбинаций.

Отсюда, можно сделать вывод, что корреляционная связь между показателями зависит от года выращивания и от комбинации сортов мягкой пшеницы.

3.2. Корреляционная связь между показателями качества зерна у сортов мягкой пшеницы

В сельскохозяйственных регионах Республики Азербайджан климат в основном умеренно континентальный. Порой на территории наблюдается засуха, холодная весна и осень, короткая, холодная зима без снегового покрова, что создает невыгодные условия для выращивания и производства нормального урожая, пшеницы. В последние годы участились эксцессы в климатических условиях республики, отчего сформировалось не правильное мнение о хлебопекарном качестве зерна мягкой пшеницы, сортов института Земледелия. С этой целью, велись исследования причин низкого качества зерна, сортов института Земледелия. На опытном участке института, в одинаковых условиях выращивания, изучались показатели качества сортов мягкой пшеницы в течение нескольких лет (2009-2011), анализировали данные массы 1000 зерен, стекловидности, содержания клейковины и белка, показатели седиментации. В 2009 году почти у всех сортов масса 1000 зерен была низкой в связи с погодными условиями года. Несмотря на то, что для всех сортов в течение трех лет, условия выращивания были одинаковы, показатели качества зерна зависели от года выращивания. 2010 году показатель седиментации у всех сортов было высоким по сравнению 2009-2011 годов. Некоторые сорта сохраняли свой генетический характер наследования, примером могут служить сорта мягкой пшеницы Гийматли 2/17, Нурлу 99, Тарагги, Баяз, Аран. По высокому содержанию белка, не зависимо от года выращивания, отличились сорта Шафаг и Саба, они сохраняли уровень содержания клейковины неизменно. По массе 1000 зерен, сорта Аран, Муров, Гобустан, выявили адаптацию, к изменениям климатических условий. Независимость этих показателей от погодных условий широко освещается в научной литературе.

В 2009 году во время вегетационного периода в апреле температура воздуха была в пределах до +9,60 С, уровень осадков достигал 14,8 мм , в май месяце при 4.7-14.8 мм осадков, температура воздуха составляла 13,4-17,10 С.

А 2010 году соответственно в этих месяцах при 14.8-2.2 мм дождя, температура воздуха составляла 9,6-17,10С. То есть, в орошаемой зоне Апшерона, температура воздуха и количество дождей играют огромную роль, при формировании качества сорта пшеницы. Это еще раз подтвердилось при изучении корреляционной связи между показателями, в различные годы выращивания.

Таблица 3.5.

Коррелятивная связь между показателями качества зерна у сортов мягкой пшеницы в зависимости от года выращивания

Показатели качества	2009	2010	2011
Масса1000зерен-стекловидность	-0,52**	0.057	-0.15
Масса1000 зерен-клейковина	-0.085	0.31	0.06
Масса1000 зерен-ИДК	0.18	0.44*	0.13
Масса1000зерен-седиментация	-0.16	0.19	-0.26
Масса1000зерен–содержание белка	-	0.12	-
стекловидность -клейковина	0.14	0.42*	0.49*
стекловидность – ИДК	0.21	0.07	0.31
стекловидность -седиментация	0.05	0.12	0.45*
стекловидность-содержание белка	-	0.27	-
клейковина-ИДК	0.10	0.28	-0.09
Клейковина-седиментация	0.60**	0.26	-0.13
Клейковина –белок	-	-0.07	-
ИДК-седиментация	-0.37	-0.23	0.02
ИДК-белок	-	-0.17	-
Седиментация-белок	-	0.13	-

Примечание: Достоверны 5 %-ном и 1 %- ном уровне значимост

Приведенные данные согласуются с данными некоторых исследователей в области изучения зависимости показателей качества от климатических условий По мнению Давыдовой Е.И. [2011], на вариации коэффициента корреляционной связи сорта влияют погодные условия года выращивания. В фазе молочной спелости растения, между количеством дождей и некоторыми показателями качества, корреляционная связь отрицательная, а в период колошения эта зависимость положительная.

Таким образом, анализ корреляционной связи между показателями качества зерна, у исследованных гибридных популяций и сортов мягкой пшеницы, показал, что уровень значимости этих связей зависит от года выращивания,отгибридной популяции и агроклиматических факторов.

21

Глава IV

4. Связь качества зерна пшеницы с различными факторами

Одним из сложных проблем в селекции мягкой пшеницы является, создание сортов с высокой урожайностью в сочетании с устойчивостью, к комплексу биотических и абиотических факторов и с высокими показателями качества. Трудности селекции при улучшении качества зерна связаны с его эпигенетическим характером, в основе которого лежит взаимодействие генотипа со средой. Поэтому в селекции на качество зерна пшеницы особое внимание необходимо уделять генетическим признакам и показателям, в основе которых, лежат особенности генотипа. В селекционных программах необходимо сконцентрировать внимание на особенности генотипа, изменчивость среды, взаимосвязь генотипа со средой и на корреляционную связь параметров качества зерна, между собой [35]

4.1.Зависимость показателей качества зерна, сортов мягкой пшеницы, от года выращивания и агрометеорологических условий.

Глобальные изменения климатических условий, приводящие изменению погодных условий, создают излишние проблемы селекционерам при получении нового сорта. В таких обстоятельствах одним из главных вопросов селекции является, создание более пластичных сортов пшеницы.

Эти сорта, обладающие высокими урожаями при оптимальных условиях выращивания, должны уметь устойчиво сохранять уровень высоких урожаев и при стрессовых ситуациях. [25].

Как было отмечено выше, при создании сортов, озимой мягкой пшеницы, необходимо уделять особое внимание, на эпигенетическую наследственность качества зерна, основываясь на связи генотипа с окружающей средой. При создании, селекционных программ, необходимо учесть корреляционную связь генотип-фенотип, окружающая среда и связь между параметрами качества зерна [35].

22

В общем понятии "пластичность" это, изменение и вариабельность признаков, в часто меняющихся условиях климата, и сохранение стабильности живых организмов, что в свою очередь считается адаптацией.

Известно, что рост растения и развитие организма являются, генетическими признаками. В то же время их развитие зависит от эндогенных факторов (фитогормоны, ферменты и др.), а морфогенез растений зависит от действия экологических факторов.

О.В. Скрипка (2005) показал, что при повышении урожайности и качества зерна сортов, необходимо установление связи между важными элементами продуктивности и показателями качества зерна, для внедрения в сельском хозяйстве сортов, сочетающих в себе эти элементы. По мнению автора, высота растений сорта зависит от генотипа и условий выращивания.

Между стекловидностью зерна и силой муки имеется положительная коррелятивная зависимость (r= 0,70), между стекловидностью и признаками количества и качества клейковины, так же имеется положительная коррелятивная зависимость (r=+0.75).

Основываясь на вышеизложенных, литературных данных, мы решили исследовать отличающиеся, по урожайности и качеству зерна, сорта мягких пшениц относящихся селекции АзНИИ Земледелия и сорта полученные из различных, климатических регионов, Российской Федерации.

Предварительно, при поступлении в лабораторию, оригинальные сорта селекции мягкой пшеницы России, были проанализированы на показатели качества зерна. В ходе анализа отмечено, что сорта мягкой пшеницы краснозерные, мягкозерные или слабо стекловидные, по содержанию высокой клейковины (31,2%) отличился только сорт Москвич, остальные сорта показали результат в пределах от 17,6 до 24,8%. Качество клейковины, определяемый аппаратом ИДК, высокое и соответствует первому классу (77.2-85,7).

 сравнению отметим, что сорта, мягкой пшеницы Земледелия, крупнозерные, в основном стекловидные, содержание клейковины высокое (30.0-31.2%), но качество клейковины ИДК (91,8- 120) слабое. Исследуемые сорта мягкой пшеницы, относящиеся к различным селекциям выращивались в регионах, отличающихся по почвенно-климатическим факторам. В таблице 4.1 Приведены данные показателей качества зерна оригинальных сортов, Российской селекции мягкой пшеницы.

Таблица 4.1.

Показатели качества зерна Российских сортов (2008г.)

Сорта	Масса 1000зерен,г.	Стекловидность, %-	Содержание клейковины, %-	ИДК
Москвич	44	0	31.2	87.3
Память	45.2	0	24.8	77.2
Таня	46.4	15	22.0	81.5
Нота	44.0	39	17.6	85.6

Известно, что лимитирующим показателем качества зерна в производстве, на постсоветской территории, нынешней СНГ и по сей день, остается содержание белка, клейковины и ИДК. Из данных таблицы видно, что исследуемые сорта, селекции России, при низком содержании клейковины, имеют удовлетворительное качество. Известен тот факт, что качество зерна, зависит от генотипа на 28-30% в остальном, формирование качества, зависит от технологии выращивания и климатических условий. К примеру,   только выпадение   дождей   в   период   накопления   белка   в   зерне, приводит к снижению содержания клейковины и ее качества, что в свою очередь отрицательно влияет на хлебопекарное качество сорта. Известно, что клейковина состоит из комплекса белков присоединяющих к себе крахмал, целлюлозу и другие минеральные элементы, создает маленькую структуру при помощи которого, проявляется газо-удерживающая способность. При брожении теста, отделяя газ от себя создает условия для выпечки хлеба, что сопутствует пористости мякиша. Одновременно при выпечке хлеба белок денатурируется, теряет свою структуру, разрушаются -S-S-связи и в хлебе образуется пористость. С этой точки зрения, при выпечке хлеба содержание и качество клейковины имеет особенное значение. Определение активности амилазы, анализ числа падения еще один фактор, требующий внимания.

Активность фермента альфа амилазы, имеет огромное значение особенно в тех регионах, где часто выпадают дожди, в период созревания зерна пшеницы. Повышенный уровень активности альфа амилазы приводит к произрастанию на корнях зерна пшеницы. Определение, подробное изучение природы этих факторов остается, актуальным и по сей день.

Известно что, качество зерна зависит от генотипа сорта. Способность сохранения генетического потенциала зависит во многом от адаптационного потенциала сорта, поэтому исследования качества и продуктивности сорта, в различных агроэкологических условиях имеет большое значение. В связи с этим приведенны данные нижеследующей таблицы, где генетически идентичные сорта выращивались в различных агроэкологических условиях на территории республики. Теоретически, по анализу компонентного состава глиадина, эти сорта должны были формировать высококачественное зерно пшеницы, Но полученные и обработанные данные выявили слишком разнообразную картину действительности. Безусловно, возделывание в богаре и орошении, в целом, почвенно-климатические условия выращивания сыграли свою роль на данных, результатов. Из таблицы 4.2. видно, что в различных регионах Азербайджана, выращенные на различных почвенно-климатических условиях, сорта мягкой пшеницы селекции России, уже в первый год испытания, показали не удовлетворительные результаты.

Содержание клейковины и ИДК оказались на низком уровне. Сорта, в оригинальных зернах, имели ИДК 77,2-87,3, а в условиях регионов республики снизили качество клейковины, показатель ИДК дошел до 91-110 ед.и.ш. Самый низкий уровень качества клейковины наблюдались в сортах Память и Москвич.

Таблица 4.2
Качество, зерна пшеницы, выращенные в различных регионах Азербайджана

Сорта	Районы	Масса 1000 зерен,г	Стекловидность,%	Клейковина, %	ИДК
95	Салян	40.4	47	16.0	107.0
	Уджар	44.0	38	20.0	102.4
	Саатлы	32.8	99	30.0	106.5
	Ленкеран	44.4	57	22.0	107.0
Азаматли	Джалилабад	38.4	74	20.0	100.0
	Тертер	39.4	44	26.8	113.4
	Бейлаган	36.8	0	20.0	110.0
	Кюрдамир	33.2	64	28.0	120.5
Рузи 84	Ленкеран	35.2	10	20.0	100.9
	Гобустан	36.0	59	24.8	108.1

	Бейлаган	44.4	0	20.0	99.2
	Кюрдамир	35.2	80	32.0	120.6
Аран	Кюрдамир	33.6	58	28.8	114.9
	Товуз	40.0	0	16.8	96.0
	Terter	40.8	53	26.8	103.7
Память	Саатлы	40.4	70	23.2	91.8
	Тертер	39.4	52	27.2	93.0
	Бейлаган	38.4	0	23.2	102.5
	Тертер	38.4	49	25.2	104.1
	Казах	32.8	81	24.0	95.0
Москвич	Бейлаган	40.6	0	28.0	110.5
	Саатлы	37.6	64	22.0	90.5
	Тертер	38.8	37	31.2	87.3
	Гобустан	36.4	0	28.5	101.6
	Тертер	37.6	64	30.8	105.9
	Казах	36.4	56	20.8	92.1
Крошка	Шамаха	40.0	0	24.6	89.0
	Тертер	48.0	36	32.0	100.3
	Казах	39.6	52	24.8	107.8
	Куба	32.4	50	20.0	81.8
	Уджар	39.6	52	24.8	107.0
Батко	Сальян	32.6	43	-	-
	Саатлы	41.2	81	23.2	91.8

В аналогичных условиях, содержание клейковины местных сортов было высоким, хотя этот показатель в зависимости от регионов оказался переменчивым. Так, содержание клейковины, сорта Азаматли-95 в зависимости от регионов, колебался от 16,0 до 30,0%. Например в поступающих к нам образцах, из Ленкораньского района, содержание клейковины было 16.0%, при этом у образца, поступившего из Саатлинского района, этот показатель составлял 30,0%.

Во первых сорт Азаматли 95 не адаптирован к субстропическому климату Ленькоранского региона, во вторых не правильно выполнена технология выращивания сорта. В Саатлинском и Кюрдамирских регионах условия богары, для этого сорта оказались более блогоприятными, поэтому содержания клейковины оказался высоким.

Несмотря на белозерность зерна этого сорта, за исключением Бейлаганского региона, оказались стекловидными. Сорт Москвич, за исключением Казахского региона (24,0%), формировал высокое содержание клейковины, но наряду с этим, показатель ИДК оказаля низким. Идентичная картина наблюдалась и с сортом Память, что дает возможность для научного обьяснения причины снижения ИДК. Местные сорта, по способности накапливать высокое содержание клейковины, относятся первому классу, но по качеству клейковины (определяющегося с уровнем ИДК) к слабым. По приведенным данным можно сказать, что на качество ИДК кроме генотипа в основном отрицательно влияют почвенно-климатические условия выращивания. Эти данные указывают, что в условиях Азербайджана у сортов в основном ИДК 90-95, а содержание клейковины высокое. Таким образом, для удачного урожая и хорошего качества зерна требуется выращивать как минимум 2-3 сорта, периодически изменяя сорта, в каждой зоне, для профилактики эпифитотии. В свою очередь такой подход предотвращает поражние сортов желтой ржавчиной, угрозой нашей республики, в области селекции пшеницы. В целях предотвращения потери урожая, периодически требуется менять сорта интенсивного типа. При этом сорта должны быть раннеспелыми, устойчивыми к засухе или зиме, высокоадаптивными к данному климату. Одновременно для установления коррелятивной связи между аллельными вариантами компонентного состава глиадина с показателями качества зерна пшеницы, сорта мягкой пшеницы местной селекции изучались в условиях Апшеронского района в течение нескольких лет.

4.2. Связь качества зерна пшеницы с цветом зерна

В виду того, что качество зерна пшеницы имеет полигенный характер, многочисленные факторы имееют особое влияние на них. Одним из этих факторов, является цвет зерна.

Цвет зерна мягкой пшеницы бывает белый, красный и разные оттенки красного цвета, синий, фиолетовый и т.д. В то же время цвет зерна используется при классификации пшеницы и при отборе в селекции используют этот показателяь как маркер морфологических признаков зерна.

Например, у краснозерных сортов, как правило, при спокойном периоде, после уборки, тенденция прорастания в корнях очень мало, его используют как фактор прорастания. Красный цвет зерна от белозерной формы отличает первый и третьей гены (R1, R2, R3). Красный цвет зерна доминантный признак. Гены этого признака локализованы в локусах хромосом 3D, 3A, 3B [14].

В литературе имеются данные о слабой коррелятивной связи между цветом зерна и колоса с показателем седиментации [17].

С целью уточнения связи между качеством зерна и цветом колоса изучались 134 сортов и сортообразцов мягкой пшеницы. Все образцы были разделены на две группы по цвету зерна. Цвет зерна определяли визиуально, из изученных 134 сортообразцов: 70 оказались краснозерными, 64 белозерными. В таблице приведены данные, полученные от исследования цвета зерна мягкой пшеницы. Как видно из таблицы установлена корреляционная связь между цветом зерна со стекловидностью и показателем седиментации. Сортообразцы с красным цветом зерна оказались более стекловидными и имели высокий показатель седиментации. По стекловидности зерна разница маленькая, но значимая. Обычно у стекловидных зерен накопление белка выше, а крахмала ниже по сравнению с краснозерными формами.

Таблица 4.3

Связь между цветом зерна и показателями качества

Количество сортов	Цвет зерна	Стекловидность,%	Масса1000 зерен,г	Седиментация,мл
70	красный	52	43.8	26.2
64	белый	45	43.5	23.3
Разница	6	7	+0.3	2.7
t =(0,01)		+1.21*	+0.15	+1.21*

Приведенные данные указывают на то, что в нашей республике в селекции мягкой пшеницы при подборе пар для гибридизации, а также отборе, из гибридной популяции, необходимо уделять внимание, на цвет зерна пшеницы.

Хотя иногда, некоторые белозерные сорта которые по содержанию белка и клейковины, а так же по хлебопекарным качествам не уступают краснозерным формам, отбор по белому цвету зерна весьма рискованно. Так как изменения агрометеорологических условий, то есть дожди в весенно-летний период, в вегетационном периоде растений, могут испортить урожай с прорастанием зерна на корнях. С этой точки зрения создание белозерных сортов мягкой пшеницы неудовлетворительны, особенно в северных регионах. А в условиях богары этот признак не имеет особого значения. В основном экологически пластичные сорта устойчивы к прорастания зерна на корнях.

4.3. Зависимость качества зерна пшеницы от года выращивания

В настоящее время территория Азербайджана составляет 86,6 тыс. км2. несмотря на это почвенно-климатические условия республики разнообразна.

Каждая зона имеет своеобразный почвенно- климатические условия. В связи с этим и вообще, глобальным изменением климата при выращивании пшеницы создаются, некоторые проблемы.

Еще 1960 году Н.И. Вавилов в своих исследованиях показал, что факторы окружающей среды имеют влияние на растения, поэтому при индивидуальном отборе необходимо учитывать эти обстоятельства.

Биологическая особенность сорта требует индивидуального отношения к технологии выращивания, такой подход дает потенциальную возможность сорту, реализовать себя в продуктивности и формировании высоко качества зерна пшеницы. Во время вегетационного периода резкое изменение погодных условий с применением обычных методов не дает возможность до конца определить роль сорта. Потому, что сорт, может сохранить свой собственный признак в мелких ареалах территории. Иногда при низкой температуре воздуха, в период созревания, сорт поражается болезнями от высокой влажности. Поэтому в каждой зоне нужно учитывать метеорологические условия и условия года.

Плеханов Л.В. (2009) установил, что от контрастности факторов климата выход муки (3,55%), натура зерна (4,32%), объем хлеба (8,46%) остаются стабильными, ну а стекловидность (15-40,24%) и физическое состояние клейковины (15,17-66,13%) сильно изменяются. В селекционных образцах качества зерна на высоком уровне изменяется "год х сорт" (42,0-90,2%) и от сорта (6,0-51.6%) самой меньше от технологических возделывния (2,5-23,5%), и от других факторов (0,01-12,4%) уменьшается.

Некоторые сорта способны адаптираться к различным условиям климата и сохраняют свою генетическую наследственность. Поэтому для увеличения продуктивности сорта для произврдства, необходимо выращивание местные сорта мягкой, твердой пшеницы и ячменя адаптированных к этим условиям [2].

Хотя качество зерна пшеницы детерминированный признак, но его проявление существенно зависит от факторов окружающей среды. Часто встречаются моменты снижения хлебопекарного качества зерна пшеницы от не удовлетворительных изменений окружающей среды [19] .

А.Г.Гусейнов (1982) показал, что не имеется особая коррелятивная связь между влажностью воздуха и содержанием белка в зерне, но имеется тенденция, с повышением влажности воздуха и накоплением белка. Автор пришел к выводу, что накопление содержания белка в зерне зависит от температуры, влажности воздуха и количества дождей. Метеорологические условия, в годы возделывания, при формировании зерна, в основном влияют на накопления фракции белка. Содержание клейковины во многом зависит от метеорологических факторов среды. По мнению автора почвенно-климатические условия Апшерона, Азербайджанской республики, не выгодны для выращивания зерна пшеницы. Уровень гумуса в этих почвах составляет всего 2%. Погодные условия часто и резко меняются. Постоянные ветры, меняющие направления, не дают возможности одинакового накопления клейковины и белка в зерне.

Внашей республике, сельскохозяйственные районы имеют, в основном, континентальный и сухой климат, иногда весенний период бывает слишком холодно, а зима без снега, что создает неудовлетворительную ситуацию, для вегетации пшеницы. В таких условиях сорта пшеницы Аз.НИИ Земледелия не формируют высококачественный урожай, что создает не правильное мнение об этих сортах.

Таблица 4.4
Качество зерна сортов мягкой пшеницы (2009-2011)

Сорта	Масса 1000 зерен,г			Стекловидность,%			Клейковина,%			ИДК			Седиментация мл			Белок,%
	2009	2010	2011	2009	2010	2011	2009	2010	2011	2009	2010	2011	2009	2010	2011	2009
Азаматли95	48.0	40.0		56.0	84.5	38.5	24.0	31.2	28.0	89.3	102.5		26.5	22.5		14,5
Рузи-84	48.4	37.2	38.8	45.0	44.5	40.0	30.0	30.8	24.0	108.4	104.7	92.8	31.5	36.0	33.0	14,5
Гобустан	44.0	38.8	40.4	47.0	70.5	40.0	28.0	36.0	24.0	101.5	101.4	82.1	30.0	42.0	33.0	14,8
Гырмызыгюл I	33.6	31.2	30.0	66.0	62.5	46.5	27.2	27.2	20.0	89.0	79.4	78.8	33.0	48.0	30.0	14,9
Акинчи-84	53.2	31.6	42.0	0	17.0	0	16.0	30.8	24.0	84.0	96.3	94.9	15.0	31.5	19.5	13,7
Нурлу-99	44.0	28.0	31.6	56.0	64.5	55.5	22.0	30.0	26.0	99.9	96.7	83.0	25.5	27.0	28.5	13,2
Тале-38	40.0	32.8	41.6	38.0	44.5	29.5	27.0	28.0	22.0	89.0	79.7	70.5	30.0	34.5	31.5	13,7
Гюнашли	44.8	44.8	-	81.0	41.0		22.8	32.8		99.8	96.6		26.5	40.5		13,5
Пиршахин1	51.2	34.0	46.4	0	71.5	35.5	34.5	32.8	21.6	93.1	102.	74.8	45.5	31.5	22.5	13,7
Азери	40.8	38.0	42.8	81.0	69.5	58.0	26.0	29.6	26.0	108.3	92.5	91.2	21.0	37.5	34.5	14,7
Муров	48.0	33.2	42.0	0	38.0	37.0	22.0	27.2	24.0	98.9	94.5	81.8	31.5	28.5	19.5	14,1
Муров-2	45.2	42.0	41.6	66.0	80.0	63.0	26.8	36.8	28.0	116.3	104.	96.1	21.0	30.0	27.0	14,5
Саба	42.0	34.4	37.6	86.0	84.0	65.5	22.0	33.2	24.0	104.6	97.4	84.2	30.0	34.5	27.0	13,9

Тарагги	40.0	34.0	40.0	57.0	48.0	42.0	28.8	26.0	28.0	83.9	90.2	87.0	48.0	27.0	34.5	14,8
Баяз	41.2	30.8	34.2	70.0	60.0	50.5	22.0	28.0	24.8	99.6	85.5	81.3	28.5	30.0	33.0	14,1
Аран	44.0	35.2	41.6	44.0	53.5	48.5	22.8	24.8	28.0	104.1	87.6	84.3	26.5	24.5	28.5	14,9
Угур	48.4	41.2	43.2	81.0	54.0	48.5	30.0	26.0	28.0	103.9	97.4	92.2	38.0	36.5	33.0	13,3
Перзиван-1	44.8	34.0	40.4	62.0	89.0	63.7	32.0	30.8	32.8	108.5	88.6	102.	22.5	40.5	39.0	14,6
Перзиван-2	41.5	40.8		60.0	75.5		29.0	30.0		90.0	91.8		38.0	40.5		14,7
Мирбашир-128	44.0	37.2	36.8	0	77.5	29.5	20.0	32.0	24.0	99.3	91.0	84.8	25.5	36.0	30.0	14,1
Шеки 1	44.8	36.8	40.0	29.0	52.5	38.5	25.5	32.0	24.8	107.7	105.	94.4	26.5	34.5	30.0	14,1
Гийматли 2/17	52.8	42.8	37.6	0	0	0	26.0	28.0	25.6	106.1	96.7	87.9	27.0	33.0	28.5	14,3
Егяна	40.8	36.8	34.0	67.0	63.5	51.0	28.0	32.8	32.8	90.0	95.7	96.3	30.0	37.5	40.5	13,9

Для выяснения этих вопросов в условиях Апшерона на опытном участке Аз.НИИ Земледелия в течение нескольких лет исследовали сорта мягкой пшеницы относящиеся местной селекции. Основной целью, являлось изучение влияния почвенно-климатических условий на качество зерна пшеницы.

Исследовано 23 сорта мягкой пшеницы в течение трех лет (2009-2011гг) (Таблица 3.5.) По данным таблицы видно, что только 2009 году масса 1000 зерен всех исследуемых сортов сравнительно низкая, налицо факт, влияния года выращивания. Несмотря на то, что сорта выращивались в одинаковых условиях, качество зерна пшеницы зависело от года. В 2010 году показатель седиментации по сравнению другими годами (2009-2011гг показатель высокий). Но некоторые сорта во все годы выращивания сохраняли свою генетическую наследственность, по показателю седиментации. Эти сорта Гийматли 2/17, Нурлу 99, Тарагги, Баяз, Аран , а по количеству клейковины отличались сорта Шафаг, Саба. По массе 1000 зерен сорта Аран, Муров, Гобустан показали устойчивость, году выращивания.

Такая же картина наблюдалась по показателю стекловидности. При таких условиях значимость корреляционной связи между показателями качества зерна пшеницы показало, что она во многом зависит от года выращивания.

Например, корреляционная связь между показателем седиментации как видно, по данным таблицы в два года исследования (2010-2011гг) было значимо соответственно r=+0,42, r= + 0,49, а 2009 году наблюдается незначительная связь. Такая же картина наблюдается и по другим показателям.

Таким образом, исследования в условиях Апшерона показали, что качество зерна сортов мягкой пшеницы, является генетическим фактором.

Формирование и корреляционная связь между показателями зависит от года выращивания сортов.

Таблица 4.5

Корреляционная связь между показательями качества зерна в зависимости от года выращивания

Показатели качества зерна	2009	2010	2011
Масса1000зерен-стекловидность	-0,52**	0.057	-0.15
Масса1000 –клейковина	-0.085	0.31	0.06
Масса1000 зерен-ИДК	0.18	0.44*	0.13

Масса1000зерен-седиментация	-0.16	0.19	-0.26
Масса1000 зерен- белок	-	0.12	-
Масса1000зерен-клейковина	0,26	0.43*	-
Стекловидность-клейковина	0.14	0.42*	0.49*
Стекловидность-ИДК	0.21	0.07	0.31
Стекловидность седиментация	0.05	0.12	0.45*
Стекловидность-белок	-	0.27	-
Клейковина-IDK	0.10	0.28	-0.09
Клейковина-седиментация	0.60**	0.26	-0.13
Клейковина-белок	-	-0.07	-
ИДК-седиментация	-0.37	-0.23	0.02
ИДК-белок	-	-0.17	-
Седиментация-белок	-	0.13	-

Примечание: коэфициент корреляции на 5 %-и 1 %-уровне значимости

4.4. Пластичность и адаптиционная способность сортов мягкой пшеницы.

Разнообразие природных условий Азербайджана дает возможность определить пластичность сортов мягкой пшеницы.

Адаптация это приспособление растения в конкретные погодно-климатические условия выращивания. При формировании высококачественного зерна генетика качества, технология выращивания и агрометеорологические факторы имеют огромное значение. С этой точки зрения, адаптация сорта для региона выращивания имеет огромное значение.

Требования к сорту все время увеличивается, особенно при изменении экономики и в условиях частной собственности. А это требует высокой технологии выращивания и их применения в хозяйстве. Стабильность урожая сорта, не зависимо от года выращивания, учитывая его качество, требует адаптацию сорта, его устойчивость к абиотическим и биотическим факторам.

Поэтому каждый созданный сорт должен сочетать в генотипе генов эти признаки [25].

Республика нуждается в создании таких сортов мягкой пшеницы, которые могли бы сочетать в одном сорте высокий потенциал урожайности, устойчивость к комплексу факторов отрицательно влияющих на эти признаки, а также с улучшенным качеством муки. Поэтому создания пластичных сортов до сих пор остается проблематичным. Созданные сорта института Земледелия выращиваются почти всех регионах республики.

Поэтому установление пластичности этих сортов остается актуальным.

Наряду с нашими сортами выращиваются и сорта Российской селекции мягкой пшеницы, установления пластичности этих сортов является целесообразным. Они выращены в почвенно-климатических условиях регионах Саатлы, Бейлаган и Тэртэр. Из исследуемых образцов два сорта относятся к Российской селекции. Сорта, Память, Москвич и один местный сорт Азаматли 95. Полные данные имеются по показателям, массы 1000 зерен, клейковины и ИДК.

Графики показывают, какие величины показывал каждый из сортов при тех или иных средних по всем сортам. Например, по массе 1000 зерен: В Саатлы средняя масса по всем трем сортам была 36,9, в Бейлагане - 38,6, а в Тертере - 38,8. На этом фоне заметнее всего росла масса 1000 зерен у сорта Азаматли 95, средний уровень по этому показателю - у сорта Москвич, а у сорта Память наблюдается даже легкое снижение массы 1000 зерен.

Соответственно, коэффициенты реакции (b) у перечисленных сортов были: у Азаматли +3,08 (самая сильная реакция), у сорта Москвич +0,87, а у сорта Память -0,94, то есть реакция у этого последнего сорта была отрицательной.

Таблица 4.6

Средние значения массы 1000 зерен у сортов мягкой пшеницы в зависимости от регионов

Фактическая зависимость				
Сорта	Саатлы	Бейлаган	Тертер	Средняя
Москвич	37,3	38,7	38,9	38,8
Азаматли95	30,8	36,0	36,7	36,3
Память	40,9	39,3	39,1	39,2
Средняя	36,9	38,6	38,8	38,7

Это коэффициент - один из способов выражения пластичности. Хотелось бы подчеркнут, что в любом случае, важно видеть как фактическую картину поведения всех сортов, так и теоретическую зависимость (усредненную по всем опытам, общую тенденцию).

Из исследуемых образцов два сорта относятся к Российской селекции, сорта Память, Москвич и один местный сорт Азаматли 95. Полные данные имеются по массе 1000 зерен, клейковины и ИДК. Графики показывают, какие величины показывал каждый из сортов при тех или иных средних по всем сортам.

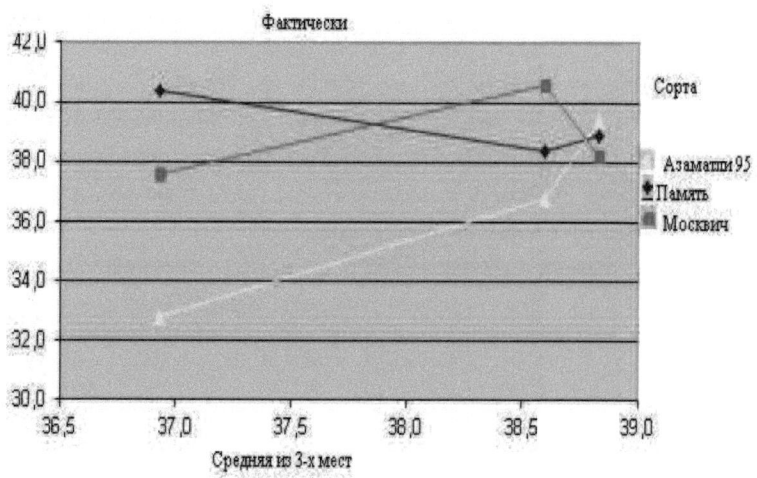

Рис.1. График отражающий пластичность сортов мягкой пшеницы

Например, по массе 1000 зерен: В Саатлы средняя масса по всем трем сортам была 36,9, в Бейлагане - 38,6, а в Тертере - 38,8. На этом фоне заметнее всего росла масса 1000 зерен у сорта Азаматли 95, на среднем уровне - у сорта Москвич, а у сорта Память наблюдается даже легкое снижение массы 1000 зерен. Соответственно, коэффифиенты реакции (b) у перечисленных сортов были: у Азаматли +3,08 (самая сильная реакция), у сорта Москвич +0,87, а у сорта Память -0,94, то есть реакция у этого последнего сорта была отрицательной. Это коэффициент - один из способов выражения пластичности. Нужно подчеркнуть, что в любом случае важно видеть как фактическую картину поведения всех сортов, так и теоретическую зависимость (усредненную по всем опытам общую тенденцию).

Таким образом вышеприведенные данные указывают на то, что сорт мягкой пшеницы Азаматли 95 очень чувствителен к факторам окружающей среды поэтому не может себя показывать высоко адаптивным сортом.

4.5. Связь компонентного состава глиадина с качеством зерна перспективных сортов мягкой пшеницы Азербайджана

Связь блоков компонентов глиадина с показателями качества зерна, с устойчивостью к некоторым болезням, урожайностью и другими важными признаками, для сельского хозяйства, известны по работам многих ученых, работающих в этой области. Сцепленное наследование этих признаков дает возможность использования их в виде генетических маркеров, в селекции пшеницы [37;50;47]. Могут ли, аллели глиадинкодирующих локусов полностью охарактеризовать организм. Этот вопрос остается открытым.

Известно, что во время эволюции в организме накоплен комплекс адаптивных генов. Эти гены создали многогенные локусы [43;45]. Если глиадинкодирующие гены относились бы к этим, то их аллели, так или иначе, могли бы полностью маркировать генотип сорта. В наших исследованиях эти вопросы не были главными, важно было изучить роль аллелей при формировании качества зерна пшеницы перспективных местных сортов. Перспективные сорта Аз. НИИ Земледелия, выращенные в течение нескольких лет на орошаемых участках территории института в Апшероне, изучались на качество зерна и другие хозяйственно-ценные признаки.

Электрофорез глиадина проводили по методике Ф.А. Поперели (1989).

Исследуемые сорта различались по всем глиадинкодирующим локусам.

Самое большое разнообразие наблюдались у глиадикодирующих локусов Gld 1A и Gld 1B хромосом. Такое разнообразие по локусам Gld 1D не наблюдалась, потому, что в сортах часто встречаются в основном Gld 1D1, только у сорта Мирбашир-128 встречается блок компонентов Gld 1D4 и у сорта Саба Gld 1D5.

По данным Созинова А.А. [1985] блок компонентов Gld 1D5 впервые обнаружен у зимостойких сортов, выращиваемых на юге лесостепной части Украины. Этот блок связан с высоким показателем седиментации у генотипов. Характерно, что у сорта Одесская полу карликовая, при семеноводстве, генотипы с блоком компонентов Gld 1D1 элиминировались. (Гасанова Г.М. 1984). В нашей республике в связи с мягким климатом зимы в сортах чаще всего встречаются блоки компонентов Gld 1D1. Наши сорта в основном являются двуручками. По глиадинкодирующему локусу Gld 1A, в генотипе сортов встречается больше всего генотипы, с блоком компонентов Gld 1A5 (около 40.0%), аллельным к ним блокам компонентов Gld 1A4 (30.0%), 10% генотипов с Gld 1A 6 и не идентифицированных 10 %. У сортов, в генотипе которых, по глиадикодирующим локусам 1B хромосомы, встречаются Gld 1B1 (40.0%), Gld 1B3 (30,0%), реже Gld 1B4 (10.0%), а не идентифицированных (20.0%) .

Таким образом можно сделать вывод, что у сортов мягкой пшеницы по глиадинкодирующим локусам хромосом 1A и 1B больше всего встречаются блоки компонентов Gld 1A5 и Gld 1B1 и Gld 1B3. По литературным данным и по нашим данным известно, что присутствие в генотипе блок компонентов Gld 1A5 и Gld 1B1 приводит к улучшению хлебопекарного качества зерна, а Gld 1B3 связан с высоким урожаем и содержанием белка [38]. Таким образом, можно сделать вывод, что селекция мягкой пшеницы Аз НИИ Земледелия проводиться в направлении повышения урожайности и содержания белка. Исследуемые сорта группированы по компонентному составу глиадина и в каждой группе показаны средние значения качества зерна. Сравнение генотипов по компонентному составу глиадина, показал, что генотипы с блоком Gld 1A4 по сравнению генотипами с блоком Gld 1A5 формируют массу 1000 зерен (0.8-1.6 гр), больше. Такая же картина наблюдается по содержанию клейковины (4.0-1.0%), седиментации (0.7-1.5 мл). Установлено, что в генотипе сортов, присутствующих блок компонентов GLd 1A5 по сравнению с генотипами с блоками компонентов GLd 1A6 и Gld 1A5, содержание клейковины и показатель седиментации высокие, а масса 1000 зерен в этих генотипах ниже (Таблица 5.1). Как видно, из данных таблицы, присутствие в генотипах блок компонентов Gld 1A5, по сравнению с генотипами с блоком компонентов глиадина Gld 1A6, формируют высокий показатель седиментации (3,2-12,2мл) и содержание клейковины (3,4-2,2%), когда по массе 1000 зерен они уступают генотипам с аллельным блоком Gld 1A6 на 4.5-2.3 граммов. Эти различия, были зависимы от года выращивания.

Таким образом, сорта, у которых вгенотипе присутствует блок компонентов Gld 1A4 по сравнению с сортами с блоком компонентов Gld 1A5 и Gld 1A6 формируют более высокое качество зерна. По стекловидности и массе 1000 зерен генотипы с блоком компонентов Gld1A4 уступают генотипам с аллельными к нему блоками компонентов Gld 1A6 и Gld 1A5.

Сравнение сортов с блок компонентами Gld 1В1 с сортами с аллельными к нему блоками компонентов, Gld 1В3 и Gld 1В4 показали, что сорта с блоком Gld 1В1 формируют высокое содержание клейковины и показатель седиментации. По данным таблицы видно, что присутствие у сортов в генотипе блок компонентов Gld 1В1 по сравнению с другими сортами с блоками компонентов Gld 1В3 və Gld 1В4 формируют более высокое качество зерна.

Gld 1В3 встречается в сортах Экинчи-84, Азаматли 95. Этот блок отрицательно влияет на хлебопекарные качества, зерна пшеницы. Но присутствие этого блока компонента в сочетание с блоками компонентов Gld 1А4 или Gld 1А5, уменьшает отрицательное влияние этого блока на хлебопекарное качество зерна.

Таблица 4.7

Связь блоков компонентов глиадина с качеством зерна у сортов АзНИИ земледелия (2009-2010гг)

Хромосомы	Сравниваемые блоки компонентов глиадина	Полученные разницы									
		Седиментация, мл		Клейковина, %		ИДК		Масса 1000,г		Стекловидность,%	
		2009	2010	2009	2010	2009	2010	2009	2010	2009	2010
1А	GLd1A5±Gld1A4	-0,7	-1,6	-1,6	-0,4	-2,2	0	-0,8	-1,6	5,0	-6,9
1А	GLd1A5±Gld1A6	3,2*	12,2***	1,6	3,4*	2,4	-0,7	-4,5	-2,3	9,4	-10,9
1А	Gld1A4±Gld1A6	4,9*	12,4***	3,2*	3,0*	5,3	-0,3	-1,2	1,7	-13,2	-1,3
1В	Gld1B1±Gld1B3	6,7**	3,9*	3,3*	1,3	6,0*	4,5*	-4,7	-0,1	22,0	6,2
1В	Gld1B1±Gld1B4	10,3**	3,7*	2,3*	2,8*	5,9	9,6	-3,0	1,6	26,3	-20,5
1В	Gld1B3+Gld1B4	3,6*	0,4	1,0	-1,5	-11,9	5,1	1,7	1,7	43,0	-26,7

Примечание: *p>0.5,**p>0,01, ***p>0001

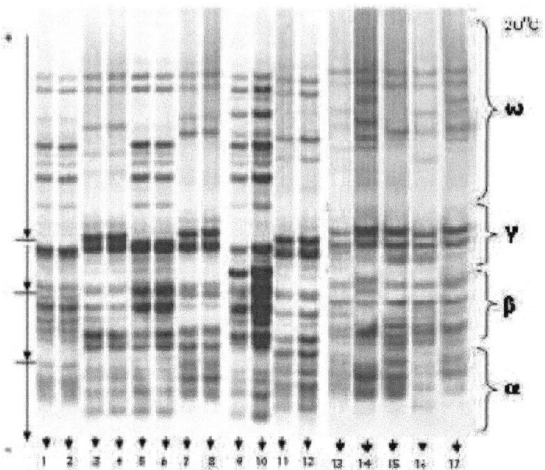

Рис.4.2.Электрофоретический спектр сортов мягкой пшеницы АзНИИ земледелия: 1-2 Экинчи-84, 3-4 Гобустан, 5-6 Нурлу 99, 7-8 Гырмызы гюль-1, 9-10 Азаматли-95, 11-12 Рузи-84, 13-Баязь; 14-Парзиван -1; 15-Парзиван-2; 16-Шеки -1;17-Шафаг.

В генотипе сортов мягких пшениц Аз. НИИ Земледелия, чаще встречается блок компонентов Gld 1В3, являющийся залогом высоких урожаев и сопутствующий накоплению высокого содержания белка.

Присутствие этого блока компонента, в генотипе, влияет на повышение белка, количества альбуминов, глобулинов, глиадина, входящих во фракционный состав запасных белков, и снижению количества глютенина. [18].

Блоки компонентов глиадина Gld 1В1 часто встречаются в генотипе у высококачественных сортов пшеницы. Присутствие этого блока компонента, в генотипе перспективных сортов мягкой пшеницы, дает возможность сказать о хорошем хлебопекарном качестве. В то же время этот блок компонентов глиадина часто встречается у сортов выращенных в условиях богары. По данным таблицы хорошо заметна роль отдельных блоков компонентов глиадина при формирования качества зерна пшеницы. Из них одни участвуют при формирования хорошего, другие слабого качества зерна пшеницы. В рисунке показаны электрофоретические спектры некоторых сортов мягкой пшеницы АзНИИ Земледелия. Несмотря на то, что в зависимости от года выращивания показатели качества зерна изменились, но роль этих блоков компонентов глиадиана остается неизменным.

Таким образом, на основе приведенных данных можно сказать о том, что блоки компонентов глиадина можно использовать в селекции мягкой пшеницы как генетического маркера при подборе первичного материала, а так же отборе из гибридной популяции при отборе высококачественного материала. Кроме того можно предположить, что многие перспективные сорта мягкой пшеницы, за исключением некоторых, являются высококачественными. Для определения распределения, перспективных сортов мягкой пшеницы, по некоторым параметрам качества зерна в зависимости от компонентного состава глиадина использовали график по программе Excel. Рис.3.4. показывает, что сорта в зависимости от блоков компонентов глиадина и по массе 1000 зерен распределились близко друг от друга. В виду того, что сорта по глиадинкодирующим локусам хромосом имеют не высокий полиморфизм и размах по массе 1000 зерен не высокий, сорта накопились в трех точках левой части плоскости и только один сорт в генотипе у которого Gld1A10 находится в дальнем углу правой части плоскости.

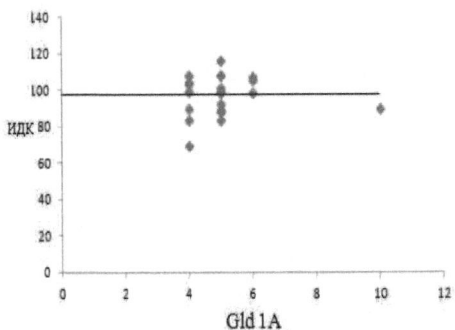

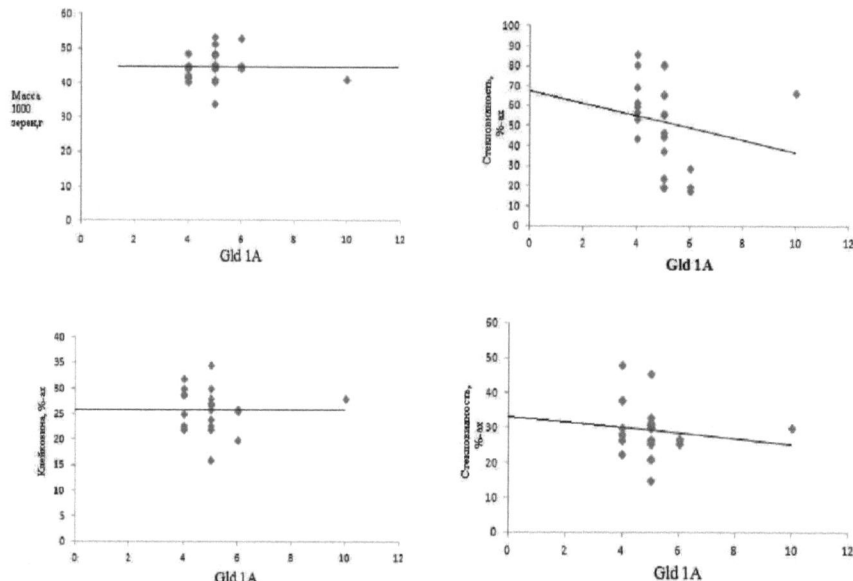

Рис.4.1. График связи глиадинкодирующих локусов с качестом зерна у сортов

Те сорта, которые распределились ниже линии плоскости, имеют не высокую массу 1000 зерен. У сортов масса 1000 зерен с блоком компонетов глиадина Gld 1A5 выше, по сравнению сортами с алельным к нему блоком коммпонентов Gld 1A4. Но эта разница между сортами с глиадинкодирующим локусом Gld 1A не имела достоверную корреляционную связь, наблюдается только тенденция. Блоки компонентов глиадинкодирующих локусов блок компонентов Gld 1A6 и Gld 1A10 отрицательно влияют на показатель седиментации. Так, по сравнению с блоком компонентов Gld 1A4, сорта у которых в генотипе присутствуют Gld 1A6 и Gld1A10 формируют низкий показатель седиментации. Сорта, имеющие в генотипе идентичные блоки компонентов глиадина,распределились на нижней и верхней части линий. Возможно, это связано с сочетанием этих аллельных блоков глиадина с другими блоками снижающих показатель седиментации. Отрицательная коррелятивная зависимость от компонентного состава глиадина видно из графика, по стекловидности зерна, но эта связь во многом зависит от года выращивания. В зависимости от глиадикодирующего локуса 1В хромосомы, по качеству зерна пшеницы, распределились нижеследующим образом. Как видно по графику по глиадинкодирующим локусом Gld 1В хромосом, сорта сгруппировались в основном левом углу графика, а три сорта в крайне правом углу.

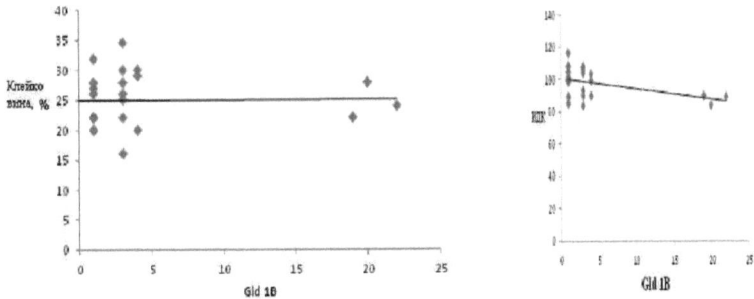

Рис. 4.2. График связи глиадинкодирующих локусов 1В хромосомы с показателями качества зерна

По содержанию клейковины они распределились в основном верхней части линии, то есть у них содержание клейковины высокое, некоторые расположены в нижней части линии, эти сорта с низким содержанием клейковины. По данным таблицы 4.1. видно, что сорта с блоком компонентов Gld 1В1 по сравнению с аллельными к ним генотипами с блоком компонентов Gld 1В3 формируют высокое содержание клейковины, показатель седиментации. По показателям седиментации наблюдается положительная корреляционная связь с блоком компонентов Gld 1В1.

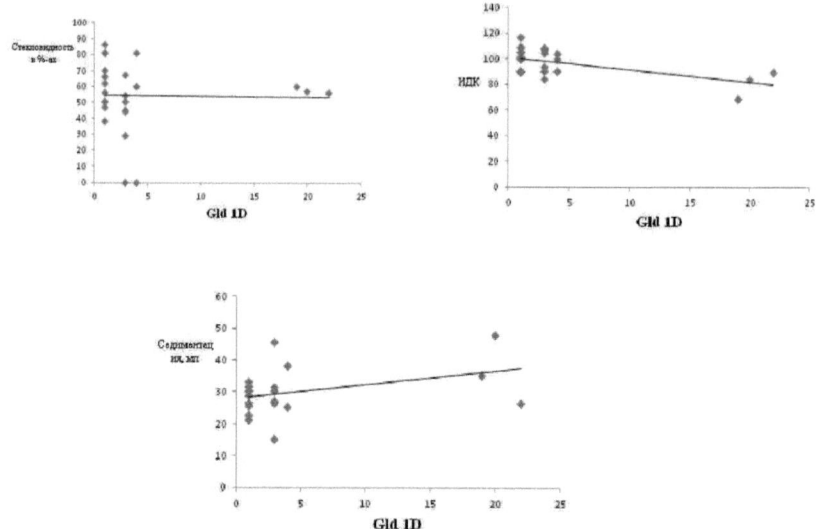

Рис.4.3.График глиадинкодирующих локусов с показателями качества зерна

Связь по глиадинкодирующим локусам 1D хромосом с качеством зерна у сортов мягкой пшеницы показаны в графике.

Как видно из графика распростронение сортов по линии сходны, как и по другим глиадинкодирующим локусам в левой стороне, только три сорта распрядились в правой стороне линии. Наблюдается корреляционная связь с качеством клейковины (ИДК) и компонентным составом глиадина, и положительная с показателем седиментации. Самая интересная картина наблюдается в связи с глиадинкодирующим локусом 6А и 6В хромосом и качеством зерна пшеницы у сортов. Сорта, с этим локусом хромосом, распределились по всей линии. То есть сорта АзНИИ Земледелия имеют высокий полиморфизм по этим локусам хромосом. Из-за недостаточности количеса сортов, не возможно было провести статистический анализ. Но по данным графика можно сказать,что высокая связь наблюдается у сортов, между блоком компонентов глиадина GLd 6A1, Gld 6А2, Gld 6A4 и ИДК. Эта связь наблюдается между показателем седиментации и блоком компонентов Gld 6В1 и Gld 6В2.

Высокий полиморфизм в сортах наблюдается по глиадинкодирующим локусам 6D хромосом. По глиадинкодирующим локусам Gld 6A хромосом и ИДК, и показателем седиментации наблюдается положительная связь.

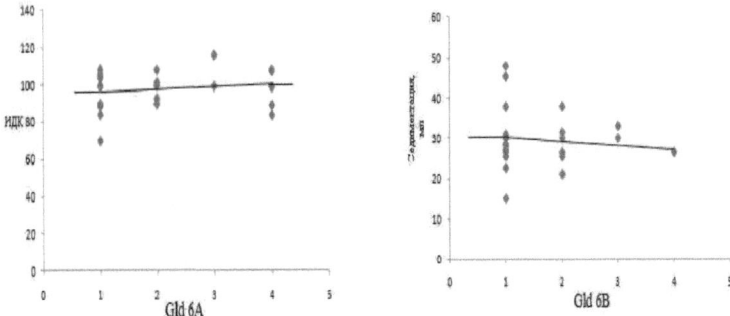

Рис.4.4. График глиадинкодирующих локусов 6A с показаелями качества зерна

По глиадинкодирующим локусам 6D хромосом с компонентным составом глиадина Gld 6D1 установлены 8 сортов, с блоком компонентов Gld 6D2 6 сортов, Gld 6D3 5сорта, Gld 6D4 2 сорта. Содержание белка в зерне этих сортов колебался от 13,0% до 15,0 %. По графику наблюдается связь глиадинкодирующего локуса 6D с содержанием белка сортов. Присутствие, в генотипе сорта, этого блок компонента, указывает на высокое содержание белка в зерне. Это положительная связь указывает на то, что эти блоки компонентов глиадина, можно использовать при отборе гибридов на высокое содержание белка в зерне, во время селекционного процесса.

Таким образом можно сделать вывод, что в почвенно-климатических условиях Азербайджана у исследованных сортов наблюдается четкая связь между показателями качества зерна пшеницы и глиадинкодирующими локусами хромосом 1А,1В, 1Д, 6А, 6В и 6Д хромосом. То есть роль сравниваемых блоков компонентов глиадина, при определении качества зерна пшеницы, проявляет устойчивость во всех уровнях технологии выращивания сортов, а так же во всех почвенно-климатических условиях. В селекции мягкой пшеницы, при создании высококачественного сорта, необходимо вести отбор по блокам компонентов Gld 1A4, Gld 1A5, а блок компонентов Gld 1A6 снижает качество зерна. По глиадинкодирующим локусом 1В хромосом блок компонентов Gld 1В1 на качество зерна влияет положительно, а блок компонентов Gld 1В3 отрицательно. Блок компонентов Gld 1В4 по сравнению с блоком компонентов Gld 1В3, менее отрицательно влияет на хлебопеарные качества, сортов мягкой пшеницы.

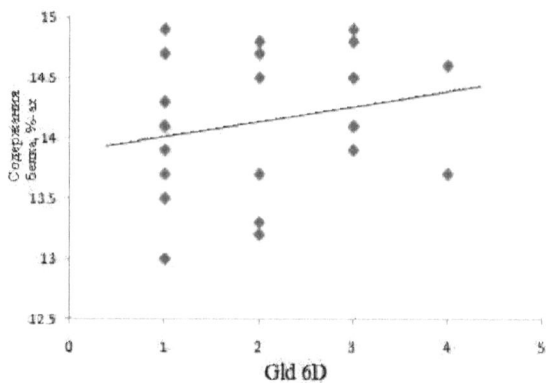

Рис.4.5. График связи глиадинкодирующих локусов с содержанием белка

Присутствие в генотипе сорта, блоков компонентов, отрицательно влияющих на качество зерна пшеницы, при сочетании с блоками компонентов положительно влияющих на качество зерна, снижает отрицательное влияние данного блока. То есть, например, присутствие Gld 1В3 блок компонентов глиадина Gld 1В3 в генотипе сорта с блоками компонентов Gld 1А4 или Gld 1А5 снижает отрицательное влияния блока Gld 1В3 на качество зерна пшеницы.

Основные выводы:

1.   Электрофоретический анализ 23-х сортов мягкой пшеницы, АзНИИ Земледелия, показал, что в генотипе этих сортов по глиадинкодирующим локусам 1А хромосом присутствуют аллельные блоки Gld1A4(,30%), G1d 1A5 (40%) и Gld 1A6 (10 %). Кроме этого, имеются в наличии блоки компонентов 1B Gld 1B1 (40,0%), Gld 1B3 (30.0%), Gld 1B4 (10%), и Gld 1D1 98 %, а в остальных Gld 1D2. Только в одном сорте, наблюдалось блок компонентов Gld 1D4, что составляет 1 %, ну а в другом 1D5, что тоже составляет всего 1%. По влиянию на качество зерна пшеницы, сорта можно ранжировать следующим образом: Gld 1A4 > Gld 1A5> Gld 1A6> 1A3>Gld 1A1. По глиадинкодирующим локусам 1B хромосомы 1B Gld 1B1> Gld 1B4> Gld 1B3> Gld 1B2.

2.   Технология выращивания и агроклиматические условия имеют огромную роль при формировании показателей качества зерна пшеницы. Условия выращивания в основном влияли на содержаниеи качество клейковины сортов пшеницы Российской и Азербайджанской селекции. Сорта Российской селекции относящиеся, по качеству зерна пшеницы к высшим сортам, в условиях Азербайджана, по качеству клейковины, снизились до 3 и 4-классного уровня.

3.   Установлено, что сорт мягкой пшеницы Азаматли 95 очень чувствителен к факторам окружающей среды, поэтому не может себя показывать высоко адаптивным сортом.

4.   Таким образом, анализ корреляционной связи между показателями качества зерна, у исследованных гибридных популяций и сортов мягкой пшеницы, показал, что уровень значимости этих связей зависит от года выращивания, от гибридной популяции и агроклиматических факторов

Список литературы

1. Абакуменко А.В. Роль блоков компонентов глиадина 1В4 в формировании хозяйственно-биологических свойств у озимой пшеницы.-Науч-техн.бюл. ВСГИ, 1982, вып. 3, стр 3-6.

2. Абдрашитов Р.Х., Надточий М.М., Шапилова Н.А. Гидрометеорологические и почвенные условия формирования урожайности в Оренбургском Зауралье. Вестник ОГУ №10, 2006. часть 2, стр.344-351.

3. Абугалиева А.И. Характеристика пшеницы возделываемой в Казахстане по твердозерности/ Абугалиева А.И., Драчева Л.М.// Качество зерна пшеницы в Центральной Азии. Алмааты, 2003 с 31-35.

4. Абугалиева С.И. Молекульярно-генетические основы формирования продуктивности и качества зерна мягкой пшеницы. Док.диссер. 2010, с.238

5. Алиев Д.А., Махмудов Р.У. Белковый комплекс зерна пшеницы.Баку, Элм. 1992.125 с.

6. Асадулин Д. Ф. Реализация потенциала пластичности сорта озимой пшеницы Московская 39 при использовании разных агротехнологических приемов. Автореф. док. диссер. 2006. 145 стр.

7. Бебякин В.М., Осыка И.А. Реакция гибридных популяций яровой мягкой пшеницы на отбор по показателям продуктивности и качества зерна на контрастном по количеству осодков фоне. Сельскохозяйственная биология 2010, №3, с.59-62.

8. Беседина Е.В. Качества зерна и малосемян в Российской Федерации. Зерновое хозяйство. 2002. 3, 2-4.

9. Беспалова А.А., Неудачин В.П., Колесников Ф.А., Зима В.Г. Использование глиадиновых генетических маркеров в селекции озимой пшеницы в Краснодаре.// Цитология и генетика, 2000 .т .34, №2 стр.24-31.

10. Благодарова О.М. Глиадины зерна как маркеры хозяйственно полезных признаков у озимой пшеницы.// Зб.наук. прац. СГИ вип. 6(46) Одеса с.124-138.

11. Винокурова Л.Т. Качество зерна , селекционная ценность и адаптивность сортов яровой мягкой пшеницы Поволожье.2004. Дисс.. 148 стр

12. Волкова М.В. Методические подходы к оценке перспективности сортов и гибридных популяций яровой мягкой пшеницы по продуктивности и качеству зерна . Дисс. 2009. 132 с.

13. Гаврикова О.М. Связь между составом спирторастворимых белков и технологическими свойствами зерна озимой мягкой пшеницы.// Рукопись аннатирована в 2.1 выпуске электронного издания БД «Агрос» №0220510769 в НТЦ « Информрегистр

14. Газманина О.И. Показатели седиментации и морфологические особенности растений озимой мягкой пшеницы.Науч.-Техн.бюлл. ВСГИ, 1990, №1 с.45-47.

15. Гасанова Г.М. Сопряженность полиморфизма глиадина и твердозерностью с изменчивостью признаков озимой пшеницы Автореф.Баку,1984г. 14 с.

16. Генаев М.А., Дорошков А.В., Морозова Е.В. Пшеничникова Т.А.,Афонников Д.А. Компютерная система Wheat PGE для анализа взаимосвязи фенотип-генотип-окружающая среда у пшеницы.Вавиловский жур.генетики и селекции,2011,т.15,№4 с.284-293

17. Глуховцева Н.И. Повышение качества зерна пшеницы/ Н.И. Глуховцева; Куйбышев: из.1977, 64с.

18. Гусейнов А.Г. 1982. Пути повышения качества зерна пшеницы. Баку. Изд. Элм.108 стр.

19. Давыдова Н.В. Селекция яровой пшеницы на урожайность и качества зерна в условиях центра Нечерноземной зоны Российской федерации. Автореф. док.дисс. Немчиновка-2011.54стр.

20. Дорофеев В.Ф.,1986 .Генетика культурных растений. Зерновые культуры. Ленинград. Агропромиздат.стр.264.

21. Кашуба Ю.Н. Селекционная оценка сортообразцов озимой пшеницы мировой коллекции ВИР в условиях южной лесостепи Омской области. Автореф. 2007. Омск, 15 с.

22. Колесников Ф.А. Селкция озимой мягкой пшеницы на продуктивности и качества зерна.//Автореф.дис.д-ра с-х.наук Краснодар,1 995.45 с.

23. Конарев А.В. 1983. Белки растений как генетичесие маркеры . М.Колос, с. 320.

24. Марченко Л.В. Влияние экологических условий на посевные качества семян сортов яровой пшеницы в Тюменской области. 2007. Автореф. 172 стр.

25. Мережко А.Ф. Проблема доноров в селекции растений.СПб: ВИР, 1994. Дисс.127 с.

26. Митрофонова О.П. Генетические ресурсы пшеницы в России:состояние и предселекционное изечение. Вавиловский журнал генетики и селекции,2012. Том 16.№ 1 стр. 10-20.

27. МоргуновА.И.Селекция зерновых культур на стабильности урожайности. М. 1987, 60 с.

28. Непомнящая И.А. Электрофоретический спектр зерна как показатель генетической специфичности самоопыленных линий кукурузы. Цитилогия. 1979 .т. XII, №2 . с.

29. Пантюхов И.В. Эколого-селекционная оценка сортообразцов яровой пшеницы Восточно-Сибирской селекции, 2009, дисс. с/х н. 141 с. Россия.

30. Плеханова Л.В. Влияние агроэкологических факторов и генотипа сорта на формирование качества зерна мягкой яровой пшеницы в лесостепи Приенисейской Сибири. 2009. Автореф.дисс Краснодар .стр. 170.

31. Попереля Ф.А., Собко Т.А. Генетика глиадина озимой мягкой пшеницы. Сб. статей по матер. конфер.» Вопросы генетики и селекции зерновых культур»КОЦ СЭВ.Одесса (СССР) НИИР. Прага-Румыния (ЧССР) 1987, Вып.3. с.321

32. Попереля Ф.А., Гасанова Г.М. Компонентный состав глиадина и консистенция эндосперма как показатели качества зерна. Науч.Техн.бюлл. ВСГИ.1980, №3(37) с.21-27

33. Рахматулина А.Ф.Особенности формирования хлебопекарных качеств зерна яровой мягкой пшеницы в Зауральской Степи Республики Башкордистан. Дис. 2011 Уфа. 128 с.

34. Рыбалка А.И., Созинов А.А., Картирование локуса GLd 1B, контролирующего биосинтез запасных белков мягкой пшеницы.Цитология и генетика. 1979. 13(4):276-279.

35. Сидров А.В. Селекция яровой пшеницы на качество в условиях лесостепи Красноярского края /Сидоров А.В.,Плеханова//Новосибирск Жур. Сибирский ВЕСТНИК с/х науки, 2010 №4 с.5-10.

36. Скрипка О.В. Селекция мягкой озимой пшеницы на продуктивность и качества зерна в условиях Ростовской облфсти. Автореф. 2005. 167 стр.

37. Созинов А.А. Полиморфизм глиадина и его значение в генетике и селекции М:Наука, 1985, 272 стр.

38. Созинов А.А., Попереля Ф.А.,1979. Полиморфизм проламинов и селекция. Вести с.х.наук. М.10, 21-34.

39. Уразалиев Р.А., Булатова К., Есимбекова М., Джиенваева К. Состав Запасных белков озимой пшеницы регионального питомника ЦАЗ. Вестник

региональной сети по внедрению сортов пшеницы и семеноводство, 2002, Алматы, стр 5-12.

40. Храброва М.А., Майстеренко О.И. Моносомно генетических параметров при диаллельном анализе количественных признаков мягкой пшеницы Диамант-2.Генетика. 1980. Т. 16.18. с.1425-1435

41. ЧеботарьС.В., Е.М.Благодарова, Е.А.Куракина, И.В.Семенюк, А.М.Полищук, Н.А.Козуб, И.А.Созинов, А.Н.Хохлов, А.И.Рыбалка, Ю.М.Сиволап. Генетический полиморфизм локусов, определяющих хлебопекарное качество Украинских сортов пшеницы. Вавиловский журнал генетики и селекции, 2012, том 16, №1 с.87-103

42. Kreis M., Forde, B.G., Rahman-s.g Miflini B., Shewryi P.R., 1985. Molekular evolution of the seed stroge proteins of barley, rye and wheat.J. Mol.Biol.183, 499-502.

43. Mcintoch R.A., Hart G.E., Devos K.M., Ceale M.D., Roges W.J. Cataloque of gene symbols for wheat// Proc.of the gth Intern.Wheat Gen. Symp. 1998. V.5. 236 p.

44. Payne P.I., Holt L.M., Law C.N. 1981. Structural and genetic studies on the high-molekular-weight subunits of wheat glutenin.I.Allelic variation in subunits amonigst varieties of wehat (Triticum aestivum).Theor.Appl/Genet.60:229-236.

45. Shepherd K.W.Chromosomal control of endosperm protein in wheat and rye.In.Proc.111.Inter.Wheat Genet .Symp., Canderra, 1968, p.86-96.

46. Tanaka H. Shimizii R.Tsujimoto H., 2005.Genetical analysis of contribution of lowmolecular-weight glutenin subunits to dough strength in common wheat (Triti-cum aestivum L.) Euphytica. 141. 157-162.

47. Zhang W., Glanibelli M.C., Ma W., Ravpling L.,gale K.R., 2003.Identifi cation of SNPs and devolepmen of allele-specifice PCR markers for y-qliadin alleles in Triticum aestivum.

48. Ovido D. R., Marchell.Ercoli Cardelli., Porceddu E., 1999. Sequence similarty be-tween allelic Glu-B3 genes related to quality properties of durum wheat/.Theor. Appl.Genet.98:455-461.

49. Korol A.B., Kirzhner V., Nevo E., 1998. Dynamics of recombination modifiers caused bycyclical selection, Genet. Res. 72:135-147.

50. Nevo E., Korol A.B., Bieles A., Fahima T., 2002. Evolution of wild emmer and wheat improvement. Population Genetics.Genetic Resources and Genome Organization of Wheat Progenitor.Springer, pp. 364-370.

Printed by Books on Demand GmbH, Norderstedt / Germany